Marco Grees

(IBA) Die Internationale Bauausstellung Fürst-Pückler-Land

GRIN Verlag

Bibliografische Information der Deutschen Nationalbibliothek:

Die Deutsche Bibliothek verzeichnet diese Publikation in der Deutschen National-
bibliografie; detaillierte bibliografische Daten sind im Internet über http://dnb.d-
nb.de/ abrufbar.

Impressum:

Copyright © 2004 GRIN Verlag GmbH
Druck und Bindung: Books on Demand GmbH, Norderstedt Germany
ISBN: 978-3-640-11686-7

Westfälische – Wilhelms – Universität Münster

Institut für Geographie

Hauptseminar: 15 Jahre Transformationsprozess Ostdeutschland

Zeitraum: WS 2004/2005

Die Internationale Bauausstellung

(IBA)

Fürst - Pückler - Land

Bearbeitet von:

Marco Grees

Lehramt SII: Geographie und Mathematik

Inhalt

Abbildungsverzeichnis

Tabellenverzeichnis

Fotoverzeichnis

Verwendete Abkürzungen

Abb. = Abbildung,   d.h. = das heißt,

IBA-Z. = IBA- Zentrum, öffentl. = öffentlichen,

S. = Seite,   Tab. = Tabelle,

u. A. = unter Anderen, vgl. = vergleiche,

z.B. = zum Beispiel,   z. = zum

1. Einleitung

Die in dieser Arbeit fokussierte Thematik beschäftigt sich mit der Internationalen Bauausstellung Fürst-Pückler-Land, welche als ein Instrument zur Inwertsetzung industrieller Relikte[1] in dem ehemaligen Lausitzer Braunkohlerevier dient.

Das Lausitzer Braunkohlerevier lässt sich im geographischen Sinne als die Niederlausitz abgrenzen und unterlag im Zuge der sozialistischen Wirtschaftsweise der DDR dem Fokus einer industriegeprägten Region, einem riesigen Braunkohleabbaugebiet, das man heute als „Mondlandschaft" bezeichnet, da der ehemalige Sektor brach fiel und devastierte Flächen als Residualien zurück blieben.

1.1 Räumliche Einordnung

Die Niederlausitz befindet sich im Osten der Bundesrepublik Deutschland und umgreift ein Gebiet, welches sich südlich des bekannten Zieles für Touristen, dem Brandenburger Spreewald, befindet. Auf Grund heutiger Betrachtung[2] lässt sich flächenhaft eine Verteilung dieses Areals von 2/3 im Südosten Brandenburgs und 1/3 im Nordosten Sachsens feststellen. In der Abbildung 1 erkennt man, dass zu diesem nahe Polen gelegenen Gebiet die Städte Cottbus, Senftenberg und Hoyerswerda (u. A.) gehören (Der Aktionsraum der IBA ist markiert dargestellt).

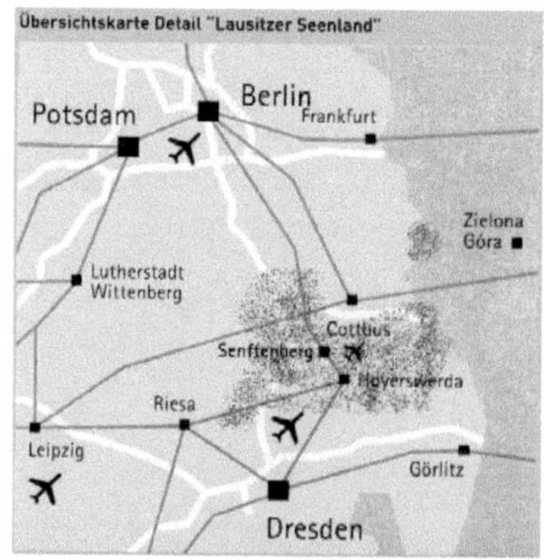

Im Osten der Niederlausitz verläuft die Lausitzer Neiße, die heutige Grenze zu Polen, in den anderen Richtungen erstreckt sich zu beiden Seiten der unteren Spree. Die Hauptfließgewässer sind die Flüsse Spree, Schwarze Elster und die Lausitzer Neiße.

Fluvioglaziale Ablagerungen prägen die Geologie. Die zentrale Rolle spielt hierbei die Braunkohleformation des Tertiärs.

Abbildung 1: Übersichtskarte Niederlausitz (Quelle: Lausitzer Seenland, verändert, S. 6)

---

[1] Relikte im Sinne von Siedlungen, Maschinen und geprägten Landschaften.
[2] Zu Zeiten der DDR gab es keine Einteilung in Bundesländer.

1.2 Historisches Erbe der Region und Ausgangslage

Ein sorbisches Sprichwort lautet: "Gott hat die Lausitz erschaffen, und der Teufel hat in ihr die Kohle vergraben" (BOSHOLD 1999, Rückseite) und greift das prägende Vorkommen von Braunkohle in dieser Region auf. Auch wenn dieses Potential schon vor der sozialistischen Phase bekannt war, erreichte die Förderung jenes nie ein Ausmaß, wie man es innerhalb der benannten Phase verzeichnen kann.

Die DDR nutzte als dominierende Energiequelle die Braunkohle und förderte diese im größten Braunkohlevorkommen des Staates im Braunkohlekombinat Lausitzer Revier. Dort gab es 1989 17 Tagebauen mit 50.000 Mitarbeiter und eine jährliche Förderung mit bis zu 195 Mio. Tonnen (vgl. www.laubag.de).

Als Folge dieser ökonomischen Bedingungen entstanden zerstörte Landschaften, hydrologische Probleme und enorme Kontaminationen der Luft durch angesiedelte Braunkohle-Kraftwerke.

Mit der Wende, also der Transformation zur Marktwirtschaft 1989 bzw.1990, änderten sich die ökonomischen und ökologischen Rahmenbedingungen, die technischen Sicherheitsbestimmungen und strengere Umweltvorschriften galt es mit größerer Sorgfalt zu beachten.

Die Verwendung von Braunkohle zur Energieerzeugung wurde minimiert und kommt bis heute nur noch zur Verfeuerung mit Großkraftwerkstechnik zum Einsatz. Es erfolgte eine Konzentration auf leistungs- und marktfähigere Standorte, dazu die Öffnung des ostdeutschen Marktes für Mineralöl und Erdgas.

Als kausale Folge der Transformation entstanden eine devastierte Landschaft und das rasche Auftreten von Arbeitslosigkeit innerhalb der Niederausitz[3].
Waren 1989 noch 50.000 Beschäftigte im Tagebau und 1994 19.180 tätig, so reduzierte sich diese Zahl auf 7.700 im Jahr 1998 (vgl. BOSHOLD 1999, Seite 33). Zum Februar 2001 fiel die Anzahl auf 5.723 Arbeiter (vgl. www.debriv.de).

---

[3] Ähnliches vollzog sich durchaus auf dem ganzen Gebiet der DDR.

1.3 Notwendigkeit einer IBA

Auf Grund der Ausgangslage von hoher Arbeitslosigkeit[4], schlechtem Image, Emigrationen junger Leute und anthropogen überformten, devastierten Flächen, zeigte sich der wichtige Handlungsbedarf für diese Region, so dass eine nachhaltige Stärkung der Wirtschaft (im Besonderen des Dienstleistungssektors) erreicht werden kann. Diese Aufgabe steht im passenden Kontext zur allgemeinen Transformation zur Dienstleistungsgesellschaft der BRD und erforderte eine Maßnahme, welche das endogene Potential schöpfen kann, zugleich dem aktuellen Trend als Affinität begegnet und eine Rekultivierung der Brachflächen ermöglicht.

Dass hierzu eine Option in dem neu aufgekommenen Aspekt des Industrie-Tourismus als effizient eingestuft würde, war mit Rückblick zur geschehenen IBA Emscher Park (1989-1999) nahe liegend und angemessen.

Eine internationale Bauausstellung bot die Möglichkeit, auf einer verträglichen Weise die vorhandenen Relikte der Region zu nutzen und umzusetzen, d.h., dass ein regional-politisches Instrument gegründet wurde, welches den langwierigen Prozess des Strukturwandels und der Landschaftsgestaltung fördern kann.

Foto 1: „Mondlandschaft" am entstehenden Ilsesee (Quelle: Eigenes Foto 2004)

Foto 2: Blick aus der Mulde des entstehenden Ilsesees heraus (Quelle: Eigenes Foto 2004)

---

[4] 1999 im „Landkreis Oberspreewald-Lausitz 25% " (BOSHOLD 1999, S.33).

1.4   Interview mit einem Zeitzeugen aus der Lausitz

Dieses im August 2004 geführte Interview[5] zwischen einem ehemaligen

Beschäftigten aus dem Bergbau und mir verdeutlicht die subjektive Identifikation mit

der Region und zeitweise eine Ungewissheit in punkto prospektiver Vorstellungen.

Zudem greift das Gespräch Schwerpunkte auf, die im Folgenden behandelt werden.

Ich: „*Herr S., wie haben Sie den Umbruch während der Wende empfunden?*"
Herr S.„Ich komme aus einer Gegend, die die letzten 100 Jahre und mehr vom
Braunkohlebergbau gelebt hat, bis vor ca. zehn Jahren. Dann kam die Wende
und unsere Braunkohle war nicht mehr gefragt, jedenfalls nicht von den
Managern des Kapitalismus."
I.:   „*Braunkohle wird ja immer noch gefördert, Beispiel Schwarze Pumpe[6].*"
S.   „Tatsache ist aber, dass in der Lausitz kein Tagebau um Senftenberg herum
noch Braunkohle fördert, die meisten Maschinen verschrottet –das nennt sich
dann Sanierung- wurden und viele Menschen ihre Arbeit verloren,
weggezogen oder jetzt in der Sanierung tätig sind."
I.:   „*In Relation zum Ruhrgebiet kam der Umbruch tatsächlich abrupt, zudem
hier im Verhältnis noch mehr Menschen im Bergbau tätig waren.*"
S.:   „Jetzt ist in der Lausitz kaum noch Industrie, und Schwarze Pumpe wurde ja
auch erst 1998 fertig gestellt, das darf man nicht vergessen."
I.:   „*Mittlerweile gibt es aber große Zukunftspläne für die Region.*"
S.:   „Richtig, sie sehen viel versprechend aus. Der Raubbau an der Natur hat ein
Ende, Seen und Windparks werden kommen, viel Platz haben wir ja."
I.:   „*Das verspricht aber noch keinen Ausgleich der Erwerbslosenzahlen.*"
S.:   „Ich hoffe, dass der zu erwartende Tourismus und der neue Energiebereich
frischen Wind und damit mehr Arbeit mit sich bringt, wie geredet wird."
I.:   „*Hört sich nach dem Programm der lokal initiierten IBA an.*"
S.:   „Meines Wissens nach soll sie zudem auch den Naturschutz hervorheben."
I.:   „*Zum einen sollen Schutzräume geschaffen werden, zum anderen touristisch
attraktive Ziele eine Art Magnet bewirken.*"
S.:   „Es sind nicht nur die Seen, Vergangenes lässt sich auch indirekt in der
Region wieder erkennen, etwa an Siedlungen und der F60[7]."
I.:   „*In diesem Kontext fehlt aber vielleicht noch ähnlich großes zur F60?*"
S.:   „In der Tat, nur leider sind außer Betrieb genommene Maschinen zerlegt
worden und so nicht mehr restaurierbar, eigentlich schade."
I.:   „*Nördlich von uns liegt der Spreewald mit seiner Artenvielfalt und
landschaftlich attraktiven Umgebung. Wird es zur Konkurrenz kommen?*"
S.:   „Das ist zu vermuten, schon heute besucht das Berliner Umland den
Spreewald und meidet die Lausitz, uns haftet ein negatives Image hinterher
und es wird sich zeigen, in wie weit sich das in zehn Jahren ändert."
I.:   „*Eine Art Gefahr stellt auch die Flutung der Tagebaulöcher dar, da das
Ökosystem Spreewald Schaden nehmen könnte…*"
S.:   „Darüber müssen sich die Verantwortlichen Gedanken machen."
I.:   „*Vielen Dank für das Gespräch*"

---

[5] Hier liegt eine gekürzte, jedoch sinngemäß kongruente Niederschrift vor.
[6] Dies ist das „modernste Kohlekraftwerk der Welt" (BOSHOLD 1999, S. 107).
[7] Vgl. 2.3.2, Seite 10.

2. Die Internationale Bauausstellung

2.1   IBA Emscher Park 

Abb. 2: Logo der IBA
(Quelle: www.iba.nrw.de,
26.10.2004)

Die Bauausstellung Emscher Park fand im Zeitraum 1989 bis 1999 innerhalb der montan-industriell geprägten Region entlang der Emscher statt. Sie umfasste eine Gesamtfläche von 800 km², 17 Städten und 2,5 Mio. Einwohnern[8].

Sie war die erste ihrer Art, die eine derartig große Fläche veränderte und hierzu eine Investitionssumme von 5 Mrd. DM benötigte (davon 2/3 aus öffentl. Fördermittel).

Als eigene Bezeichnung sieht sich die IBA als Werkstatt zur ökologischen, ökonomischen, sozialen und baulichen Erneuerung, so dass eine dauerhafte Stärkung der endogenen Potentiale und ein neues Empfinden entsteht[9].

Die seit den 1950er Jahren entstandene Industriebrache wurde mit rund 120 umgesetzten Projekten innerhalb von sechs Aufgabenbereiche aufbereitet, so dass

- ein Wiederaufbau der Landschaft
- ein Landschaftspark von Duisburg bis Dortmund
- eine Renaturierung des Emscher-Systems
- eine neue Kultur-Identität unter der Bevölkerung
- eine Schaffung von neuer Wohnqualität

entstanden.

Mit Förderung des Dienstleistungssektors im Hintergrund wurde zugleich eine Basis geschaffen, die neue Ideen fördern und Unternehmen zur Ansiedlung bewegen sollte, da im aktuellen Diskurs weiche Standortfaktoren zunehmend wichtiger werden.

Positiv hervorzuheben sind die touristischen Aspekte wie die attraktive Route der Industriekultur, museale Aufbereitungen von Industrierelikten und die Verbesserung der Ökologie. Dagegen wird (aus politischer Sicht) das Scheitern der Schaffung von 1000en Arbeitsplätzen als negativ erklärt.

---

[8] Vgl. www.iba.nrw.de
[9] Meint: Sichtbare und unsichtbare Veränderungen, also auch ein neues Denken.

2.2   Die IBA Fürst-Pückler-Land

Abb. 3: Logo „see"
(Quelle: www.iba-
fuerst-pueckler-
land.de, 25.10.2004)

Diese Bauausstellung findet seit dem Jahr 2000 statt und endet im Jahr 2010.

Hierbei stellt sie das Thema Landschaft in den Mittelpunkt und ist zurzeit mit 5.000km² Gesamtfläche die größte Landschaftsbaustelle Europas. Der Sitz der IBA ließ sich in dem Jahr 2000 in Großräschen nähe Senftenberg nieder, wo auch die IBA-Terrassen zu finden sind.

Das Logo „see" soll das Erfassen einer Landschaft mit neuen Augen symbolisieren.

Die gegründete IBA-Gesellschaft befindet sich in Trägerschaft der betroffenen Landkreise und der Stadt Cottbus und wird vom Land Brandenburg sowie seit dem Jahr 2003 aus dem EU-Programm Interreg III B mit 2,3 Mio. Euro finanziell gefördert (vgl. BÖTTCHER 2003).

Namesgeber ist Herrmann Ludwig Heinrich Fürst von Pückler-Muskau, ein Meisterwerker der Gartenkunst mit Beachtung seiner Arbeit in aller Welt und Schichten. Er steht für ungewöhnliche Ideen bei der Gestaltung besonderer Landschaften und soll die IBA mit seinem Namen viel versprechend begleiten.

Abb. 4: Fürst von Pückler
(Quelle: www.iba-fuerst-
pueckler-land.de,
25.10.2004)

In dem Kern der IBA stehen 24 Einzelprojekte, die in acht Landschaftsinseln und einer Europainsel zusammengefasst werden.

Als Ziele dieser Maßnahmen sind zu nennen:

- Die vorhandene Technik vergangener Zeit und daraus unter Anderem bereits geschaffene Muse sollen sich als ergänzende Teile der gestalterischen Kraft des Menschen in Balance gebracht werden,
- Einen erhaltenden und adäquaten Umbau der Region schaffen,
- Das endogene Potential post-industrieller Zeit schöpfen und verwerten,

- Eine touristisch attraktive[10] und wirtschaftlich stärkere Region formen, das heißt: Etablierung des tertiären Sektors, denn eine touristisch attraktive und wirtschaftlich starke Region spielt bei Standortentscheidungen von Unternehmen eine immer größere Rolle,
- Neue Branchen schaffen und vorhandene unterstützen und stärken.

Die zukünftigen Hoffnungsträger nach der IBA liegen im Bereich des Tourismus- und Freizeitsektors, welcher zudem auch in der Zwischenzeit von Bedeutung ist. Aktuelle Besuche der Bauausstellung erlauben schon einen Einblick in die Arbeit, in die erfassbare und miterlebbare Umgestaltung der Region.

2.3   Aufgabenbereiche zwischen lokaler und regionaler Ebene

Die IBA widmet sich, ergänzend zu dem nächsten Punkt 2.4, verschiedenen Querschnittsthemen, die dem Gesamtraum als Verknüpfung dienen:

(1) Neue Flächen – neue Landschaften
Schaffung der Lausitzer Seenkette aus den Tagebaulöchern mittels Flutung →touristische Attraktivität (vgl. hierzu 2.3.3, Seite 11)

(2) Neue Arbeit – neue Energie
Entwicklung wirtschaftlicher Impulse für die Region, Etablierung des tertiären Sektors und touristischer Infrastruktur; regenerative Energieformen („Windparks") und Energiegewinnung

(3) Industriekultur
Touristische und museale Aufbereitung der Industrierelikte

(4) Tourismus
Gewinnung von Landschaftstouristen, evtl. Stadttouristen
Bisher: Senftenberger See, Kraftwerk Schwarze Pumpe[11]

---

[10] Etablierung des Industrie-Tourismus, vgl. IBA Emscher Park.
[11] Jährlich 12.000 Besucher (vgl. CARSTENSEN in KRAJEWSKI 2000, Seite 123).

2.3.1 Acht Landschaftsinseln und Europainsel Cottbus

Abbildung 5: Acht Landschaftsinseln (Quelle: "see" - Internationale Bauausstellung)

1) IBA – Zentrum: IBA Terrassen und Ilse-See
Hier steht das Zentrum der Bauausstellung im Auftaktgebiet Großräschen
mit den IBA Terrassen als Ausstellungs- und Informationszentrum, der
IBA-Geschäftsstelle, dem Ilse-See und Ilse-Park als Verbindung zwischen
Senftenberg, Großräschen und dem Eurospeedway Lausitz.

2) Lauchhammer-Klettwitz: Besucherbergwerk F60
Im Fokus steht das Thema Industriekultur mit dem Besucherbergwerk
F60 (vgl. 2.3.2, S.10) bei Lichterfelde und dem Kraftwerk Plessa.

3) Gräbendorf-Greifenhain: Landschaftskunst
Hier findet man die Projekte „Bürgerhaus Pritzen", „Schwimmender
Steg" von Pritzen, sowie Kunstobjekte am Gräbendorfer See und den
Aussichtsturm auf der Buchholzer Höhe. In Altdöbern liegen ein
attraktives Schloss und der zugehörige Schlosspark.

4) Welzow: Landschaft im Wandel
Hier realisiert sich die Idee, einen der letzten aktiven Tagebaue der
Lausitz während des Betriebes zu besuchen und die
Bergbaufolgelandschaft als „Oase" einzigartig zu gestalten.

5) Wasserwelt Lausitzer Seenkette
Das Projekt Wasserwelt lässt eine künstlich geflutete Seenkette wachsen, so dass die ehemaligen Löcher durch schiffbare Kanäle miteinander verbunden werden (vgl. 2.3.3, S.11). Hier soll ein in Europa einmaliges Spektrum an Sport-, Arbeits-, Erholungs- und Wohnmöglichkeiten entstehen. Inbegriffen sind Marinas, Wasserlandeplätze und schwimmende Häuser für Anwohner und Urlauber.

6) Seese-Schlabendorf: Slawenburg Raddusch
„Vorindustrielle Kultur – nachindustrielle Natur" umschreibt die hier zu findende Thematik. Als besuchenswert gilt die erhaltene Slawenburg, sowie die weiträumige und Natur belassene Bergbaufolgelandschaft.

7) Landschaftsinsel Cottbus
Cottbus als größte Stadt der Region mit dem größten Einzelsee widmet sich dem Thema „Stadt-See, See-Stadt". Der dort entstehende „Ostsee" wird Ergebnis der städtischen und landschaftlichen Veränderung sein.

8) Bad Muskau-Nochten: Fürst-Pückler-Park
Hier wird ein spannendes Verhältnis zwischen gewachsener Kulturlandschaft und neuen Landschaftsbildern nach dem Bergbau angekündigt. Eine Wechselwirkung lässt sich im deutsch-polnischen Projekt „Fürst-Pückler-Park Muskau" und „Muskauer Faltenbogen" finden, sowie in dem Kromlauer Park und der Landschaft Nochten.

9) Europainsel Guben-Gubin
Der deutsch-polnische Brückenschlag begründet auf dem deutsch-polnisch geteilten Stadtzentrum, das in deutsch-polnischer Gemeinsamkeit einen Vorgriff auf eine erweiterte europäische Union darstellte.

Wie sich erkennen lässt, haben all diese Inseln ein spezielles Thema, welches aus dem endogenen Potential der Landschaft entsteht und herausgearbeitet wird. Bewusst verzichtet man hier auf eine künstliche Aufsetzung von Themen (vgl. BOSHOLD 2004, Seite 183), wie es beim Lausitzring z.B. geschah.

Hervorzuheben ist zudem, dass im Gesamtgebiet ein vernetzender Radweg[12], ähnlich dem Wasserwanderweg in der Seenkette, entstehen soll und somit die im sportlichen Aspekt stehende Möglichkeit, mehrere Inseln kontinuierlich zu besuchen, gegeben wird.

---

[12] Der Fürst-Pückler-Radweg soll alle Projekte verbinden.

2.3.2   Das Besucherbergwerk F60 bei Lichterfelde

Abbildung 6: Besucherbergwerk F60 (Quelle: "see" - Internationale Bauausstellung)

Diese ehemalige Förderbrücke F 60 schaffte in Zeiten der Braunkohleförderung den entstehenden Abraum zur Seite und wird mit dem Synonym „Liegender Eifelturm der Lausitz" (BOSHOLD 2004, Seite 184) auf Grund ihrer Stahlkonstruktion und Ausmaße bezeichnet.

Die im Jahr 1991 für 3 Monate (!) in Betrieb genommene Brücke misst eine Länge von 500 Metern und wechselte nach ihrer Stilllegung[13] im Jahr 1998 ihren Besitzer. Die Gemeinde Lichterfelde-Schacksdorf kaufte dieses größte technisch bewegliche Gerät der Welt von der Lausitzer Bergbau-Verwaltungs mbH, ließ sie aus der Mulde hervorheben und platzierte sie am Fuße des künftig entstehenden Bergheider Sees.

In dem ehemaligen Werkstattwagen der F60 wurde ein Besucherzentrum eingerichtet und die Brücke selbst touristisch nutzbar gemacht. Diese Metamorphose von der Abraumbrücke zum Besucherbergwerk wurde im Mai 2002 zur Eröffnung für Touristen und Interessierte erlebbar gemacht.

Man findet heute die Möglichkeit, in dem Besucherzentrum Souvenirs zu kaufen, ein Stück der Geschichte zum Tagebau zu erfahren und zu Mittag zu speisen. Die Brücke selbst bietet einen geführten „Rundgang" von 1,2 km Länge mit einer Aussichtshöhe von maximal 70 Metern. In dieser Höhe wird dem Besucher ein Blick geboten, der die Ausmaße des Tagebaues und somit die Dimension und Arbeit von dem Projekt „Bergheider See" erkennen lässt.

Zusätzlich bietet dieser Ausblick das Erleben der Transformation vom „Loch" zur Seelandschaft (vgl. 2.4, S.14) und seit dem Jahr 2003 eine abendliche audio-visuelle

---

[13] Mitte der 1990er Jahre wurde die Sprengung der F60 verhindert, vgl. www.f60.de.

Präsentation in Form von Lichteffekten entlang dem Stahlgerüst, welche die Wahrnehmung mit allen Sinnen ermöglichen soll.

In Zukunft soll der durch Flutung entstehende Bergheider See als eine Freizeitlandschaft mit Bademöglichkeiten, Sport und Erholung dienen, wobei eine Verbindung zu der vergangenen Epoche mit der F60 schon jetzt realisiert wurde und als Folge dessen das endogene Potential direkt und indirekt verwertet sein wird.

Aus heutiger Sicht ist dieses Besucherbergwerk „auf dem besten Wege, sich zu dem touristischen Markenzeichen (…) der Lausitz zu entwickeln" (BOSHOLD in 2004, Seite 184).

2.3.3   Die Lausitzer Seenkette

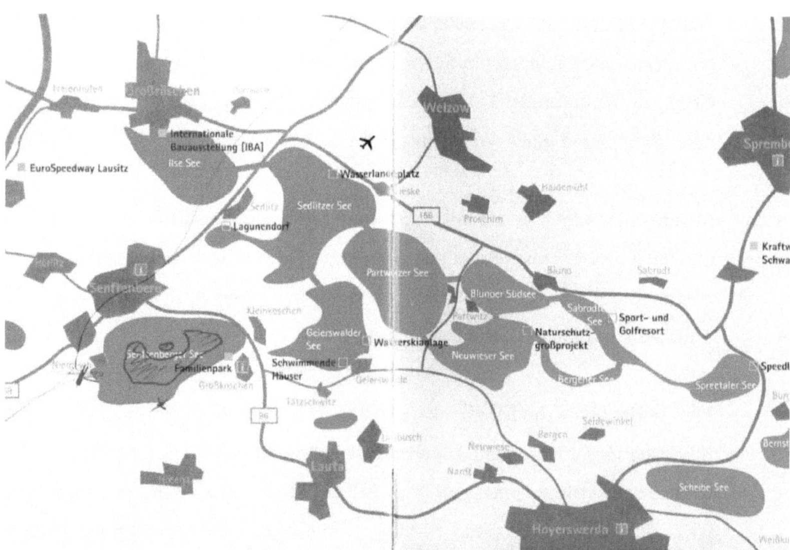

Abbildung 7: Lausitzer Seenkette (Quelle: "see" - Internationale Bauausstellung)

Diese zukünftige Seenkette stellt ein durch schiffbare Kanäle verbundenes Netz aus gefluteten Tagebaulöchern dar. Die Flutungsdauer ist in der Regel zeitintensiv (vgl. Tabelle 1, Seite 13) und kann nur in etwa vorausgesagt werden.

Ein Pilotprojekt stellt der zu DDR-Zeiten geflutete Senftenberger See im Süd-Westen der Niederlausitz dar[14].

Dieser größte künstlich erschaffene See (1.540 ha) wurde kontinuierlich zum Erholungsziel der Bevölkerung aus der näheren Umgebung, da chronologisch zu dessen Attraktivität Badestrände, Campingplätze, Wassersportzentren, ein Familienpark und auch im ökologischen Sinne eine Vogelschutzinsel für bedrohte Arten errichtet wurden.

Foto 3: Willkommenstafel am Senftenberger See (Quelle: Eigenes Foto 2003)

In Äquivalenz zu diesem greift auch das Projekt Seenkette vorhandene Ideen auf, wie z. Beispiel die Erbauung von Wasserskianlagen, Sportboothäfen und schwimmenden Häusern, in denen Urlauber auf einer anderen Art einen Bezug zum See bekommen.

Um den Einklang mit der Natur zu bewahren, soll die Seenkette auch geschützte Lebensräume behalten und pflegen, ähnlich wie bei der Vogelschutzinsel.

Allerdings ist eine schlechte Wasserqualität zu erwarten, da Eisen-Schwefel-Minerale ausgewaschen und saure Verbindungen gebildet werden, so dass eine sofortige (Bade-)Nutzung nach Flutungsendstand als unwahrscheinlich gilt. Versuche der Neutralisierung des PH-Wertes durch Fremdwasserzufuhr[15] bedingen andererseits die Gefährdung vorhandener Ökosysteme wie dem Spreewald mit seiner Flora und Fauna.

Östlich des Senftenberger Sees liegt der zu flutende Geierswalder See mit dem Vorhaben, eine Wasserskianlage und schwimmende Häuser zu errichten. Nach der Tabelle 1 auf Seite 13 sollte der Flutungsendstand im letzten Jahr erreicht worden sein, was sich aber bis heute nicht verifizieren lässt. Trotz dessen lassen sich einige Eindrücke der Zwischenzeit aus den folgenden drei Fotos aus dem Jahre 2003 entnehmen.

---

[14] Flutungsendstand wurde 1973 erreicht.
[15] Zur Flutung des Senftenberger Sees wurde aus der Schwarzen Elster abgepumpt.

Fotos 4, 5 und 6:
Der Geierswalder See
in der Zwischenzeit
(Quelle: Eigene Fotos 2003)

Diese optischen Impressionen erlauben eine Erahnung des (Zeit-)Aufwandes und der Dimension, in welcher hier Landschaften nachhaltig verändert werden.

Einen zeitlich approximativen Überblick gibt Tabelle 1 wieder:

Name	Größe in ha	Flutungsendstand
Senftenberger See	*1.540*	*1973*
Sedlitzer See	1.330	2015
Partwitzer See	1.120	2006
Ilsesee am IBA-Z.	771	2017(!)
Neuwieser See	632	2009
Geierswalder See	620	2004
Spreetaler See	314	2007
Blunoer See	350	2009
Sabrodter See	136	2009

Tabelle 1: Ausgewählte Seen und deren Flutungsendstände (Quelle: Lausitzer Seenland, Seite 14)

2.4   IBA-Touren in der Zwischenlandschaft

Auf Grund des zeitlichen Rahmens der IBA von zehn Jahren gehört der Anteilnahme der Bevölkerung an der Veränderung der Landschaft eine gesonderte Rolle zugewiesen (vgl. BOSHOLD in SCHWARK, Seite 180).

Mit dieser Einteilung des Prozesses von der industriell geprägten Landschaft über das in der Deindustrialisierung entstehende Zwischenland zu dem museal-touristischen, erholungs- und freizeitorientierten Raums folgerte die Notwendigkeit der Publikation und Partizipation im didaktisch angemessenen Maße.

Besucher vor Ort sollen eine Zwischenlandschaft entdecken, die zum einen den ehemaligen Arbeitnehmern der Region eine Verfremdung verhindern und zum anderen Unverbundenen einen direkten Einblick in den Umbruch gewähren.

Diese positiven Veränderungsprozesse werden durch

- Wanderungen und geführten Quad-Touren in den Tagebauen,
- Musealen und informativen Aufbereitungen[16] vor Ort: Stichwort „Zeitmaschine Lausitz“ als historische Ausstellung,
- Off-Road-Touren im Gelände,
- Rundflüge vom Flugplatz Schwarzheide aus,
- Einer ausführlichen Internetpräsenz (vgl. 4. , Seite 20),
- Konfrontation von Wissenschaft und Kunst vor Ort,
- Feste und Veranstaltungen ,
- Meetings von Planern, Anwohnern und Touristen,
- Präsenz in den Medien und lokaler bis regionaler Werbung

aufbereitet und den Interessenten nahe gebracht.

---

[16] Zum Beispiel dem Bergbaumuseum Knappenrode, der F60 (vgl. S.10), dem IBA-Zentrum ...

2.5 Exkurs: Eurospeedway Lausitz

**Foto 7: Eurospeedway Lausitz
(Quelle: Eigenes Foto 2004)**

Die Motorsport-Rennstrecke „Lausitzring" - oder neuer „Eurospeedway Lausitz"
liegt nordwestlich von Senftenberg (vgl. Abb.7, Seite 11) und wurde im Jahr 2000
eröffnet. Mit einem Areal von 570 ha Fläche und einer Zuschauerkapazität von bis
zu 120.000 Zuschauern sollte er das internationale Renngeschehen in die Lausitz
holen. Die Kosten dafür lagen bei 310 Mio. DM (!) (vgl. STEYER 2001).

Nach anfangs Erfolg versprechende Ansiedlungen von diversen mittelständischen
Betrieben[17] blieb eine Nachfrage jedoch aus und schließlich meldete die
Betreibergesellschaft 2002 mit 28 Mio. Euro Schulden (vgl. JAHR-WEIDAUER ET AL.
2002) Insolvenz an.

Ähnlichkeit weißt dieses Leuchtturmprojekt zu dem bekannten Fall des gescheiterten
CargoLifters südlich von Berlin und in näherer Umgebung zur Indoorskianlage
„Snowtropolis" bei Senftenberg auf. Diese ist zurzeit kostenintensiv, wenig genutzt
und bietet eine bescheidene Abfahrtslänge von 150 Metern[18].

Im Kontext zur IBA, die vorhandenes endogenes Potential schöpft und aufbereitet,
fehlt hier jegliche Regionaltypik und wird mit der Namensneugebung
„Europspeedway" zusätzlich verfremdet (vgl. KRAJEWSKI 2004, S.173).

---

[17] Gastronomie, Einzelhandel, Hotelerie, logistische Betriebe...
[18] Vgl. www.senftenberg.de ,Link Tourismus.

3.   Fazit

3.1   Resümee

Mit dem Ziel, das endogene Potential zu schöpfen, devastierte Flächen erlebbar zu rekultivieren und somit der postindustriellen Kulturlandschaft den Weg zu bereiten, greift die Internationale Bauausstellung Fürst-Pückler-Land eine Herausforderung auf, die in Europa flächenmäßig einmalig ist.

Mit Hilfe von vielen regional verankerten Einzelprojekten formt sie ein Gebiet um, das viele Jahrzehnte unter dem Einfluss des Braunkohlebergbaues zu Tage stand. Ziel wird es sein, Touristen, Erholungsurlauber und Freizeit verbringende Menschen in die Region zu holen und somit neue Branchen und den Dienstleistungssektor zu etablieren. Als wichtig gilt hier der Abbau des Negativimages der Lausitz.

3.2   Bewertung

Eine Bewertung der Bauausstellung aus aktueller Sicht erscheint schwierig, da erst jetzt die Hälfte der geplanten Zeit um ist und man im Gegensatz zur IBA Emscher Park den noch kommenden Zeitraum berücksichtigen muss. Dennoch darf man die geleistete Ideenformulierung, Planung und Umsetzung betrachten und feststellen, dass trotz der langen Bauzeit eine teilweise Öffnung des provisorischen Aktionsraumes hervorzustellen ist.

Es erscheint adäquat, mit Hilfe der IBA postindustrielle Transformationen zu verwerten und eine Regionaltypik aufrecht zu erhalten[19].

Der Gedanke daran, die Interessierten und Beteiligten aktiv in die Umgestaltung – „Metamorphose" – mit einzubeziehen, schafft zumindest die Basis, das Bild der zukünftigen Landschaft in den Köpfen entstehen zu lassen und von Anfang an eine Sensibilisierung für dieses große Projekt zu erreichen.

Besuche und Gespräche vor Ort belegen eine gewisse Beliebtheit der aktuell angebotenen Erkundungen des Tagebaues, etwa der Quad- und Jeeptouren.

---

[19] Meint: Das endogene Potential fördern, Bsp. F60 (vgl. 2.3.2, Seite 10); meint nicht: Aufgesetzte, unpassende Projekte wie etwa dem Lausitzring (vgl. 2.5, Seite 15) oder Snowtropolis.

Dieses Bild lässt sich allerdings nicht auf die dort ansässige Bevölkerung im Ganzen übertragen, da immer noch eine eher geringe Identifizierung mit dem Umbau der Region vorliegt und Zweifel am Erfolg des Projektes geäußert werden. „In diesem Zusammenhang muss auch die Bergbaufolgelandschaft so gestaltet werden, dass die Bevölkerung ihre Umgebung als wertvolle Ressource wahrnimmt" (BOSHOLD 1999, Seite 99). Die Bevölkerung ist traditionell nicht auf Tourismus eingestellt. Gerade deshalb erscheint der Abbau des negativen Images der Niederlausitz intern und extern enorm wichtig und sollte im überregionalen Maße durch geschickte Propaganda erfolgen, um entscheidende Impulse zu setzen.

Für historisch und museal Interessierte bietet die Zeitmaschine Lausitz einen guten Anlaufpunkt um Näheres zur vergangenen industriellen Phase zu erfahren. Die hohe Erwartung an die IBA, den Tourismus in die Region zu holen und zu etablieren, kann mit der Zwischenpräsentation dieses Jahres angesprochen werden und vielleicht auch ein Rückblick auf bisher erfolgte Gewinne gezogen werden, jedoch hat man bei der momentanen Suche nach (neuer) typisch touristischer Infrastruktur weniger Glück. Ein neu errichtetes Amphitheater in Senftenberg (vgl. www.senftenberg.de) und eine Wasserskianlage sind zwar Pionierleistungen, aber die erwarteten Besucherzahlen blieben bis jetzt aus. Zudem sollte die wichtige Frage gestellt werden, ob es denn nicht nötig scheint, auch kältere Jahreszeiten in dem Paradigma zu berücksichtigen.

Zu fehlen scheinen bislang Marketing-Strategien, welche die einfache Erreichbarkeit der Region für Besucher[20] aus Quellgebieten wie Berlin oder Dresden herausarbeiten und mit der passenden Werbung den noch kleinen Einzugsraum vergrößern (vgl. BARSCH ET AL. 1999, Seite 43). Defizite in der Werbung lassen sich beispielsweise in westdeutschen Aktivräumen wie dem Ruhrgebiet erkennen, da in den Medien kaum Berichte erfolgen oder gar Reiseführer für die Lausitz zu erwerben sind. Ein Beleg für den geringen Bekanntheitsgrad der Lausitz als touristische Region in weiten Teilen Deutschlands lässt sich zudem in Umfragen ermitteln[21]. Befindet man sich vor Ort und sucht Anlaufpunkte (Touristeninformationsbüros), so findet man quantitativ bescheidene mit kurzen Öffnungszeiten, dazu wenige Wegweiser und

---

[20] Meint Besucher jeden Alters und Interesse, da eine klare Adressierung an Zielgruppen fehlt.
[21] Umfragen meint das persönliche Gespräch mit Personen aus Lübeck, Köln und München.

Tafeln im Sinne der IBA, die auf vorhandene Transformationsprozesse aufmerksam machen und als Medien dienen. Anscheinend stört dieser Umstand die Lausitzer auch nicht besonders, da Eigeninitiativen in den letzten fünf Jahre (oder mehr) durchaus hätten durchgeführt werden können, aber nicht erfolgt sind.

Zu bedenken ist auch, in wie weit die postindustrielle Kulturlandschaft in Konkurrenz zum Spreewald stehen wird, d. h. jetzige Touristen umlenken oder neue für sich gewinnen wird. Um einen sanften Einstieg in die Lausitz zu initiieren, werden bereits Tagesausflüge in die größte Bergbaufolgelandschaft Europas angeboten (vgl. www.spreewald.de) und somit in dem bereits etablierten Tourismusgebiet auf die momentane und zukünftige Rekultivierung aufmerksam gemacht. Was den Spreewald mit seinen Kahnfahrten und der ästhetischen Natur-Morphologie ausmacht, sollte die Lausitz mit ihren Badeseen und Industrie-Relikten ausgleichen, jedoch in keinem Fall übertrumpfen (vgl. CARSTENSEN ET AL. 1998, S.107ff). Zudem findet man in der Lausitz sorbisches Kulturgut, das bislang weitgehend unberücksichtigt blieb.

Ein Ziel der IBA, neue Branchen (vgl. 2.2, Seite 7) und Dienstleistungen des tertiären und quartären Sektors zu schaffen und stärken, kann man bislang noch nicht belegen und daher scheint es fraglich, ob dieses Ziel in fünf Jahren zu erreichen ist.

Trotz guter Chancen der Revitalisierung der Lausitz sehe ich keine Möglichkeit, verloren gegangene Arbeitsplätze durch die Deindustrialisierung zu kompensieren und daher stellt sich die Frage, was der andere erwerbslose Teil der Bevölkerung für Perspektiven hat, wenn er nicht dem Trend der letzten Jahre folgt, und emigriert.

3.3   Aussichten

Mit der Zwischenpräsentation und der Eröffnung des Projektes „Bewegtes Land" im März 2005 wird sich zeigen, in wie weit bisherige Vorhaben realisiert und der Zeitplan eingehalten wurde. Des Weiteren erfolgen Ideen und Formulierungen, die nächsten und letzten fünf Jahre zu gestalten und im Endspurt den Zeitplan einzuhalten. Schließlich wird die Präsentation offenbaren, ob die IBA mit einem effizienten Programm aus der Vorbereitungs- in die Realisierungsphase übergeht.

4. Literatur und Internetquellen

Literatur:

- BARSCH H., CARSTENSEN, I., GELDMACHER, K., HERING, F., JESERIGK, H., KNOTHE, D., SAUPE, G. und ZIENER, K. (1999): Entwicklung und Gestaltung von Erholungsgebieten in Bergbaufolgelandschaften der Niederlausitz. = Potsdamer Geographische Forschungen Band 17. Potsdam.

- BOSHOLD, A.(1999): Industrie-Tourismus im Lausitzer Braunkohlerevier, Berlin.

- BOSHOLD, A. (2004): Bergbauregion Lausitz im Wandel: Liegende Eifeltürme und Canyonlandschaften in der IBA Fürst-Pückler-Land. In: SCHWARK, J. (Hrsg.)(2004): Tourismus und Industriekultur, Vermarktung von Technik und Arbeit Berlin.= Schriften zu Tourismus und Freizeit, Band 2. Berlin, Seite 179-188.

- BÖTTCHER, G. (2003): Bei 2,3 Millionen-Projekt hat die IBA den Hut auf. EU bewilligte Planungsmittel für gestörte Landschaften. In: Lausitzer Rundschau vom 4. Februar 2003.

- CARSTENSEN, I., HERING, F., SAUPE, G. und ZIENER, K. (1998): Erholung in der Bergbaufolgelandschaft? – Vorstellungen, Erwartungen und Handeln – Ergebnisse von Befragungen in der Niederlausitz. = Potsdamer Geographische Forschungen Band 16. Potsdam.

- CARSTENSEN, I.: Tourismus in Bergbaufolgelandschaften- Marktlücke oder Lückenbüßer? Touristische Gehversuche in der Lausitz. In: KRAJEWSKI, C. und P. NEUMANN (Hrsg.)(2000): Touristische Perspektiven für das Land Brandenburg. Münster. Band 30, Seite 101-126.

- IBA EMSCHER PARK (1993): Was, wann, wo? Zwischenpräsentation 1994/95.

- JAHR-WEIDAUER, K., MALLWITZ, G., MUNDT, J. und WETZEL, D. (2002): Burnout am Lausitzring. Eurospeedway meldet Insolvenz an – Rennbetrieb nicht gefährdet. In: Berliner Morgenpost vom 21.6.2002, Wirtschaftsseite.

- KRAJEWSKI, C.(2004): Tourismus und Industriekultur in Brandenburger Bergbaufolgelandschaften. In: SCHWARK, J.(Hrsg.)(2004): Tourismus und Industriekultur, Vermarktung von Technik und Arbeit Berlin.= Schriften zu Tourismus und Freizeit, Band 2. Berlin, Seite 151-177.

- o. A. (2003): „ See " - Internationale Bauausstellung, o. O. (Prospekte).

- REGIONALMANAGEMENT DER LAUSITZ (Hrsg.) (2003): Lausitzer Seenland, Kamenz.

- REINHART, S.(2001): Industriekultur im Lausitzer Braunkohlerevier. Möglichkeiten zur touristischen Inwertsetzung durch Verknüpfung. Trier (Unveröffentlichte Diplomarbeit am Fachbereich 6= Fremdenverkehrsgeographie an der Universität Trier).

- SACK, MANFRED (1999): Siebzig Kilometer Hoffnung. Die IBA Emscher PARK – Erneuerung eines Industriegebiets. Stuttgart.

- SAUPE, G.(2002): Die internationale Bauausstellung (IBA) Fürst-Pückler-Land. Ein Vorhaben zwischen Regionalmanagement und Regionalem Entwicklungskonzept. In: KEIM, K und KÜHN, M.(2002): Regionale Entwicklungskonzepte. Strategien und Steuerungswirkungen. In: Arbeitsmaterial, Band 287, Seite 61-72.

- SIEBEL, WALTER / IBERT, OLIVER u. HANS-NORBERT MAYER (1999): Projektorientierte Planung – ein neues Paradigma? In: Informationen zur Raumentwicklung, Heft 3 / 4. 1999, S.163-172.

- STEYER, C.-D. (2001): Die große Euphorie ist vorbei. Der Lausitzring hat Südbrandenburg bislang nicht das ersehnte Jobwunder beschert. In: Der Tagesspiegel vom 15./16.4.2001.

Internetquellen:

- www.debriv.de, abgerufen am 26.10.2004.
- IBA (2000): www.iba.nrw.de, abgerufen am 26.10.2004.
- IBA (2003): www.f60.de, abgerufen am 25.10.2004.
- IBA (2003): www.iba-fuerst-pueckler-land.de, abgerufen am 25.10.2004.
- Lausitzer Braunkohle Aktiengesellschaft(=LAUBAG)(2004): www.laubag.de, abgerufen am 22.10.2004.
- Lausitzer Region (2004): www.lausitzerseenland.de, abgerufen am 26.10.04.
- Lausitzer Region (2004): www.niederlausitz.de, abgerufen am 25.10.04.
- Tourismusverband Spreewald (2004): www.spreewald.de, abgerufen am 4.11.2004.
- Stadt Senftenberg (2004): www.senftenberg.de, abgerufen am 25.10.2004.